U0264475

功能整合的空间妙用 004

让空间开辟更加轻松 016

用收纳展示为阅读添香 030

利用品位家私营造气场 046

巧用光源创造亮点地带 066

目录 CONTENTS

功能整合的空间妙用
FUNCTION INTEGRATION

寸土寸金的“蜗居”时代，家居空间中的每一寸空间都倍受重视，每一个业主都希望有限的家居空间能得到无限的开发。书房作为家庭阅读休闲的空间也早已摆脱单纯的功能性，而形成一个集多种功能于一身的复合空间，最大化满足人们的需求。怎样实现这一目标，是对业主及设计师的一大考验。

功能整合的空间妙用 Function integration

寸土寸金的"蜗居"时代，家居空间中的每一寸空间倍受重视，每一个业主都希望有限的家居空间能得到无限的开发。书房作为家庭阅读休闲的空间也早已摆脱单纯的功能性，而形成一个集多种功能于一身的复合空间，最大化满足人们的需求。怎样实现这一目标，是对业主及设计师的一大考验。

坐卧两用的阅读休憩空间

书房的面积不大，用一块集合板材隔出。一张简易单人书桌可供学习工作，此外另设一张沙发，提供一个舒适的休闲区。

利用过道延伸书房

书房的玻璃推拉门外是过道。在过道靠墙一侧添设大型收纳柜，在收藏图书的同时也可以满足更多收纳需求。

打造全家共读

书架前设置一张长桌既可用于家人就餐，在平时也可作为家人取阅图书时的书桌，起到类似图书馆里公共阅读桌的作用。

1. 阅读、度假的轻空间

利用美式格子地板界定出书房区域，以白色格窗和老式靠背沙发以及铁艺吊灯营造休闲度假的氛围，让阅读、休闲融为一体。

2. 一桌多用的复合设计

将桌椅设置在过道旁，并以茶色玻璃进行轻隔断，大型立式收纳柜隐藏在墙壁一侧，打造出一个集就餐、阅读、休闲于一身的多功能区域。

功能分区的组合设计

利用主卧面积大的优势，开辟出工作阅读区，且与睡眠区和主卫形成鲜明的区域划分。

1. 圆的概念打造惬意茶话区

围绕圆的概念，以造型圆润的沙发结合中心的圆柱形矮桌，营造出空间聚拢效果，形成一个具有视觉焦点的茶话区。

2. 吧台、书桌、视听三合一

巧妙利用吧台的双向设计，在两旁添设座椅，成为简易的书桌。吧台下方空间可以用于收纳，同时在墙面装置电视机，通过休闲、阅读、视听三位一体提高空间利用率。

3. 妙用阳台打造风格观景区

在宽敞的阳台利用灯光、桌凳打造出一个独立的休闲区，同时糅合景观设计元素，打造成别具一格的阳台观景区。

1. 多功能的人文空间

在采光良好的落地窗前打造一间藏书丰富的书房，同时也可作为钢琴房用。再摆上一张高档按摩椅，让空间的利用价值最大化。

2. 玻璃门打造通透空间

书房的门采用玻璃材质使视野通透，同时与对面的落地窗形成双向采光，增加空间的亮度，凸显空间的宽敞明亮，有放大空间的视觉效果。

3. 柜体变成空间端景墙

一扇中式镂空屏风作为软性空间隔断分割出休闲会客区域。一排兼具收纳功能的木凳倚墙而设，以坐凳的高度向上延伸出一面收纳柜，柜门以镜面做背景，搭配块状皮革装饰，成为极富个性的空间端景墙。

1

1. 隐性隔断打造功能空间

一张复古蓝天鹅绒包覆的矮凳作为软性隔断，将钢琴区和客厅隔开。处于过道一侧的钢琴区一面用彩绘玻璃墙做装饰，另一面用大朵花卉壁纸铺陈，营造出一个优雅的钢琴房。

2. 东方语汇的功能结合

经典灰色的空间基调奠定东方气质。非线性的家具摆放组合让空间看上去不拘一格，统一的色调和质朴风格打造出一个低调典雅的中式书房。

3. 开放式空间的功能延续

餐厅和休闲区抛弃传统的封闭式格局，打造全开放式的公共空间。让空间功能得以在空间流畅地延伸，形成统一的整体。

2

3

1. 卧榻和动线构成的艺术工作角

横木天花和白色天花板为主卧和工作休闲区的功能划分做了铺垫，再运用和白色天花同等宽度的卧榻以及沿着白色天花板动线延展的展示吧台完成区域界定。

2. 结合飘窗阳台的两用空间

飘窗阳台是家居生活中的一大黄金地带。在严肃的书房中，书架兼具展示功能，除去工作的书桌，阳台也可供休憩、聊天。

3. 艺术家的休闲工作室

长长的书桌可以用于创作，也可用来展示收藏品，搭配皮革座椅凸显档次。开放式阳台将自然美景引入室内，一只吊篮式躺椅置于栏杆旁，工作之余享受惬意生活。

1. 结合视听的开放休闲区

东南亚风格的家居本身以度假和休闲为理念。充满柚木香的休闲空间搭配可旋转式电视，让就餐和休闲时刻都可以随时享受视听乐趣。

2. 空间留白的独立书房

独立的书房可以自由搭配。越少家居的堆叠越可以凸显空间的宽敞和安静。造型别致的红色极简书桌一半留空，搭配原木的质感，空间更显轻盈。

3. 亲子的共享空间

现代家居早已不满足于简单的用途，而倾向于与家人共享。一张卡通毛毯铺在地板上，就成为亲子游戏的场地。

1. 卧榻和动线构成的艺术工作角

乡村风格的木质桌椅平时可用作餐桌，闲暇时泡上一壶咖啡或摆上一副棋盘，充满浓郁乡村风情的就餐角落就变成了一个享受休闲下午茶时光的好地方。

2. 高档桌椅开辟的阅读休闲区

依靠飘窗阳台前得天独厚的采光和风景，搭配简单的桌椅、方毯便可开辟出一个阅读休闲区。而高档的欧式家具和天文望远镜则凸显出主人的生活品位。

3. 艺术家的休闲工作室

飘窗阳台是客房和书房的结合体，具有客卧和阅读区两重功能。未来还可将房间作为小孩房使用，具有多元的使用性。

4. 客厅即是阅读区

宽敞的客厅选用舒适的沙发和抱枕营造轻松氛围，会客之余亦可躺在沙发上或窗前，看书或者晒太阳，客厅俨然变身为阅读休闲的最佳场所。

1. 过道中的休闲角

长长的过道如果利用得当，将有意想不到的效果。利用过道旁的一面墙体，摆上一张玻璃桌、两把椅子，搭配一幅充满艺术感的大幅油彩，一个颇有创意的休闲角就诞生了。

2. 屏风隔断打造休闲空间

白色镂空屏风以精美的姿态立在门和桌椅之间，制造隔而不断的丰富景深，将进门处的公共空间巧妙分割，打造出一个藏在屏风后的休闲空间。

动线区隔出吧台和客厅空间

吧台和客厅沙发的“L”造型划分出各自领域的空间，完成公共空间的隐性隔断。白色吧台和红色沙发的色彩对比也凸显出休闲区和会客区的不同风格。

让空间开辟更加轻松

USE OF SPACE

现代家居生活中，几乎每个家庭都渴望拥有一个书房或者一个休闲放松的角落，满足每日工作后或者假日里跟家人和朋友欢聚、聊天的实际需求。而家居空间中往往不会预留特定空间作此用途，需要人们自己或者设计师运用巧妙的心思去开辟，因此如果能够合理地运用沙发、半隔屏、推拉门甚至地毯、桌椅来实现空间界定，就可以让家居空间价值最大化，让生活变得更加轻松美妙。

018

让空间开辟更加轻松 Use of space

现代家居生活中，几乎每个家庭都渴望拥有一个书房或者一个休闲放松的角落，满足每日工作后或者假日里跟家人和朋友欢聚、聊天的实际需求。而家居空间中往往不会预留特定空间作此用途，需要人们自己或者设计师运用巧妙的心思去开辟，因此如果能够合理地运用沙发、半隔屏、推拉门甚至地毯、桌椅来实现空间界定，就可以让家居空间价值最大化，让生活变得更加轻松美妙。

墙壁、窗台和方毯完成区域界定

墙壁和窗台向来是家居空间里用来开辟休闲阅读区的好地方。本案完美地融合了墙和窗两大元素，此时再搭配简单桌椅和一块方毯，惬意雅致的休闲区便水到渠成。

1. 沿墙动线串联出阅读区域

一排白色长桌沿着墙壁动线延展一圈，搭配两侧光线通透的窗体组合和活泼的美式乡村条纹壁纸，轻松串联出一个家人共享的阅读娱乐区。

2. 对折线处的双人桌柜组合

利用墙角的转折线设计一对好似孪生的单人工作桌柜组合，两边通向不同的功能区，无形中起到区域界定的作用，打造出一个美观且实用的二人阅读休闲天地。

端景墙分割公共领域

开阔的家居公共空间通过借助一些造型墙或软隔断开辟出更多独立空间。图中设计师运用一面造型质朴的端景墙搭配沙发、圆桌和立式花瓶的妆点，成功地开辟出一方雅致的休闲角落。

抬高地板实现区域划分

家居空间中不同功能空间之间会形成一些畸零空间，可以合理运用，开辟出休闲角。本案中利用地面的加高和全地板的铺陈，与外间的餐厨区清晰界定，同时打造出一方看书喝茶的休闲地带。

利用窗台打造和式书房

百叶窗的设计满足采光和隐私的双重需求。靠窗的小空间不宜摆放大型家具，运用高档地板设计成日式的居室风格可以充分利用每一寸空间。席地而坐，喝茶看书都十分惬意。

1

1. 阁楼和吧台完成天地界定

利用整块集合板材在挑高空间内吊起一个阁楼，十分有新意。利用阁楼形成的天花板加上一方长形吧台，共同构筑起一个清晰的独立空间，步下台阶便是一个放松的休闲区。

2. 楼梯口延伸出的阅读角

一下楼梯便是一方长桌且长桌的一边利用了台阶的高度，恰好构成完美的水平线，搭配两张藤编座椅，一个简易却实用的读书角便形成了。

3. 弱化界线的复合空间

卧室中存在许多黄金地带，可以用于开发休闲阅读角。在本案例中，设计师在开阔的卧室阳台前搭设一方白色桌面，加上两张舒服的沙发凳，不论看书还是看风景都是别样的情趣。

2

3

1. 日式推拉门隔出紧凑书房

几平方米的书房却放置了一面大书柜和桌椅、沙发，甚至绿意盎然的盆栽，可谓“麻雀虽小，五脏俱全”。设计一扇轻薄的日式推拉门，避免了传统墙体和木门的厚重感，让小空间更显轻盈。

2. 书架延展出的狭长地带

狭长的沿墙地带全部以书柜覆盖，因此延伸出一个书房带，成为家居空间里的一道书香地带。

3. 木栅天花完成区域分割

横竖交叉的松木板块天花板自动完成了客厅和外间休闲区的区域界定。

1. 沿墙动线开辟多人学习区

沿着墙体动线铺设一圈简易共用式书桌，可以为多人提供同时学习的空间。

2. 墙角吧台的巧妙利用

一方极窄的木桌靠墙而设，加上灯光设计，便成了一个小巧的吧台，同时也可以供休闲阅读之用。

3. 落地窗前的惬意阅读

大大的落地窗前向来是家居空间开辟利用的好地方。充足的采光、开阔的视线、清新的空气，这些都让休闲和阅读变成一件无比惬意的事。

1. 巧用帘幕创造独立空间

室内纱帘的悬挂可以巧妙地开辟出独立空间，灵活多变，同时又可避免实体墙的沉重感。

2. 阁楼上的愉阅时光

倾斜的阁楼天花板打造出一个独特的畸零空间。摆上一张书桌、一张舒适的沙发，一个绝对安静舒适的阅读休闲区就诞生了。

3. 书柜和书桌的双重功能

原本是卧室内的一面收纳柜，在加上一张沙发椅之后即可变身为一张书桌，上方的收纳空间又可用于藏书，具有书柜和书桌的双重功能，节省空间。

1. 屏风隔断出的功能区

一面书柜加上一面通透的轻隔断屏风，构成一个独立且颇有格调的书房空间。不规则摆放一张书桌，便是一个风格与实用兼具的优质书房。

2. 开放式书房的洒脱

沿墙动线覆盖两面书柜，夹角处形成一间开放式书房，不用封闭式设计，开放式的格局让空间更显明亮、洒脱。

1

2

1. 磨砂玻璃前的通透书房

一整面磨砂玻璃取代实体墙，玻璃前加设一面开放式书柜，让小巧的书房呈现出轻盈通透的面貌。

2. 窗前的绝佳读阅地带

加长的窗体前摆放一张等宽的书桌，由窗和桌椅自然构成一个阅读区，无论通风、采光、还是视线，都是一个绝佳的阅读地带。

3. 阳台前的双重空间

阳台是家居休闲的好场所，巧妙地运用玻璃推拉门和窗帘，将阳台内外开辟成两个独立的空间，玻璃门外是休闲茶话区，门内是工作阅读室，充分挖掘空间价值。

3

1. **白色地板完成区域界定**

靠窗而设的阅读休闲区利用地板的分界线来完成区域划分，白色地板和走道地板形成鲜明对比。

2. **展示柜前的随性阅读**

橡木书柜中摆放着具有古典韵味的烛台、书籍、相框、装饰品等，一个透露着浓浓休闲风的书房让阅读更加轻松随性。

3. **日式书房的休闲风**

和式风格的简洁书房内，简单的一张书桌，拿起一本书，席地而坐，玻璃门外是绿色的后花园，可读可憩，呈现休闲家居风。

1. 休闲客厅的娱乐

舒适的沙发和随意播放的电视节目，在会客之余让您尽享生活的惬意。

2. 玻璃推拉门打造阳台休闲带

运用玻璃隔断门将阳台与屋内空间进行分割，搭配阳台墙壁的壁纸灯光设计，以及桌椅、装饰品，轻松打造出一个休闲且不失精致的独立空间。

3. 沙发和方桌实现区域划分

沙发和方桌并排，并且与阳台之间空出一方区域，形成一片雅静的休闲地带，同时完成自身功能区域划分。

1. **墙体动线分割公共空间**

造型独特的墙体线条化解僵硬空间格局，沿着造型墙动线，将公共空间自然分割成内外两间，休闲阅读区就此开辟。

2. **卧室、书房合二为一**

在卧室中开辟阅读休闲区可以保证不被打扰的私密性，同时又方便休息，让空间的功能不再单一，实现双重功能。

3. **沿墙桌椅打造的情趣休闲角**

沿墙体动线利用一块简单木板即可打造简易书桌，既可以节省空间，又可以打造出情趣休闲角，看书、休闲两不误。

用收纳展示为阅读添香
BOOKCASE

在书房空间内，书籍、电脑设备及业主的各种收藏品等，都需要被整齐有序的收纳。好的收纳设计不仅可以维持书房空间的有条不紊和满足使用者的实际需求，同时还可以为书房的整体风格增色不少。怎样实现书房收纳美观和实用相结合的目的，是家居空间设计的一大挑战。

用收纳展示为阅读添香 Bookcase

在书房空间内，书籍、电脑设备及业主的各种收藏品等，都需要被整齐有序的收纳。好的收纳设计不仅可以维持书房空间的有条不紊和满足使用者的实际需求，同时还可以为书房的整体风格增色不少。怎样实现书房收纳美观和实用相结合的目的，是家居空间设计的一大挑战。

触手可及的强大电视书柜

相对狭长的空间内沿墙体延展方向设置一面开放式柜体，柜体上方用于丰富藏书，下方兼做电视柜、音响柜，同时还用作办公书桌，可谓功能强大。

1. 书景亦墙景的多彩书橱

一整面墙体用纯白色收纳柜覆盖，整齐划一的收纳格内摆放着五颜六色的各式书籍，呈现出一面多彩书橱，同时也成为妆点空间的绚丽墙景。

2. 收纳展示兼备的端景书柜

与纯净的空间风格相搭配的大型白色收纳柜横陈在沙发后，以几何形状纵横交错而成的不规则收纳格打造出惊人的收纳展示区，或藏书，或陈列装饰品，融合成一面独特的空间端景。

1. 隐藏式收纳让空间更整洁

统一的白色刷漆让书房的收纳柜与墙面和谐统一，加上柜面平整的沟缝，隐藏式收纳让空间更显整洁。

2. 一体式收纳和书桌的纯净视觉

书桌、墙面、书橱，甚至装饰品，都以白色为视觉重点，一体式的设计风格让空间呈现纯净视觉。

3. “微波炉”造型收纳演绎黑白时尚

一个个“微波炉”造型的收纳盒以黑白配色原则不规则地叠放，满足书籍收纳的同时演绎出黑白时尚感。

1. 收纳和镜面的轻灵组合

错落设计的墙面收纳柜充分体现了不对称的几何美感。更为巧妙的是，柜体配合镶嵌的镜面，制造出独特镜景的同时让空间更显轻灵。

2. 整齐沟缝将收纳融入墙体

隔断墙是收纳的重点。用整面收纳柜来分隔空间，既节约空间，增加面积使用率，又时尚大方，使空间内敛而理性。

3. 美观实用的立式书柜

传统的收纳柜是大多数书房的不二选择，既美观又实用。

1. 配合空间风格的装饰艺术

这是一个优美的白色新古典书房。白色的书柜收纳大量古典装帧的图书，精致的柜脚和花边设计，与空间的整体风格完美融合。

2. 简易搁板书柜打造简约风

几块搁板就可以在书房中打造一面小书柜，让整个空间呈现现代简约风。

3. 墙体延伸出的收纳搁板

纯白的墙面延伸出纯白的收纳搁板，颜色的统一营造统一的视觉感受。

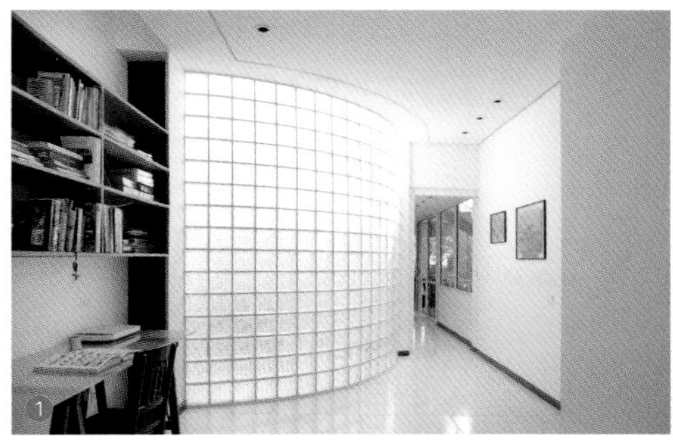

1. 空间转折处的阅读区

在狭长走道和内侧空间交叠出的畸零角落里，利用墙面设置一面书柜和书桌，成为空间转折处的阅读区。

2. 融入地板色的多功能收纳

柜体上方用于展示各种小饰品和玩具、书籍，下方封闭式柜门可以满足很多杂物的收纳需求，一举两得。

3. 封闭与开放的创意组合

多个收纳格设计的柜体通过封闭与开放的收纳格相结合，让空间更显灵活，视觉也更有层次感。

1. 典雅书柜凸显大气空间

黑色中式收纳柜凸显庄重大气的传统风韵，古董和书籍的错落摆放，让空间更显典雅。

2. 书香和木香糅合的空间

不同色彩、不同性质的木材打造的书房空间，木地板、木桌、木柜营造出一个书香与木香糅合的空间。

3. 中式书柜代言低调空间

素朴风格的空间内，一面中式书柜为低调空间代言，让儒雅中国风在低调中彰显。

1. 灯光设计打造端景书柜

原木书柜看似简单，实则充满创意。收纳格内置金色光源的设计，让光影和木质演绎出唯美视觉，打造独特书房端景。

2. 松木书柜凸显质朴空间气质

树枝条纹清晰显露的松木书柜，自然粗朴的外观风格凸显空间的质朴气息。

3. 结合镜面的取景书柜

收纳柜体中空部分镶入镜面，制造独特视觉效果。

1. 造型独特的多功能书柜

封闭和开放相结合的柜体以不规则的收纳区和展示区组合，打造独特的多功能书柜。

2. 利用畸零角落的墙角书架

贴墙位置有一根柱体，倚靠柱体与墙面形成的畸零角落打造一面墙角书架，让空间价值最大化。

3. 简单实用的收纳艺术

造型粗朴的木柜让书房变得整齐有序，可谓简单实用。

1. 满足藏书爱好的墙面书架

包覆整面墙体的书柜充分满足藏书爱好者对知识的渴求，同时营造出图书馆藏书风格的恢弘视觉。

2. 镜面和光影打造收纳景观

收纳柜内侧墙面用荧光打亮，形成白色发光背景墙，在天花板镜面的作用下，制造虚实相接的幻境景观。

3. 原木柜体凸显自然休闲风

规规矩矩的原木柜体不事雕琢，充分体现自然休闲风。

1. 隐藏把手的整齐收纳

与木质地板同色系的沿墙收纳柜体运用整齐的沟缝实现柜体与墙面的和谐统一，同时隐藏柜体把手，更显整齐。

2. 沿墙整体收纳柜开辟休闲空间

两面白色收纳柜完整的覆盖两面墙体，利用墙体的转折开辟出一方休闲空间，保证空间视觉整洁的同时，也完成区域划分。

3. 偏重展示效果的艺术收纳

书桌后的柜体收纳格内以内置灯光局部打亮，呈现错落的不对称美感，让柜体更具展示效果。

1. 充分利用空间的书桌收纳

沿墙而设的电脑桌其下方的畸零空间被充分利用，设计成收纳格，满足丰富藏书需求，工作之余可随手拿来一本书进行翻阅。

2. 小巧玩具收纳柜展现可爱空间

小巧的白色收纳柜将各种可爱玩具收纳其中，同时凸显空间的可爱童趣。

3. 隔断收纳柜让空间利用更合理

独立于空间之中的轻隔断式收纳柜用于摆放书籍，让空间得到更充分的利用。

1. 玻璃收纳创造唯美背景墙

全透明玻璃式收纳柜加上柜体内侧的灯光设计，让整面收纳柜体变成一面光影和材质演绎的唯美背景墙。

2. 古玩展示体现空间奢华

贵族风范的书房空间内，摆满各种高档装饰品和图书的收纳柜，充分展示出空间的奢华气质。

1. **相对而设的收纳柜创造安静空间**

两面相同色彩和材质的收纳柜相对而设，形成一个封闭式书房空间，既满足了丰富收纳需求，又保证了书房的安静和私密性。

2. **原木收纳柜与地板风格统一**

半开放式木格收纳柜和原木地板的色泽，以及原木书桌形成统一的空间风格，凸显自然气息。

3. **不同材质收纳柜体现空间层次**

木质和玻璃隔板相结合的收纳组合柜让空间更加丰富，同时创造出强大的收纳功能。

利用品位家私营造气场
FURNITURE

如果说户型、空间构造是家居空间的硬件装备，那么家具、软装就是家居空间的软件装备，也是家居生活的第二大元素。通过不同的家具风格和软装搭配可以让单一的空间呈现丰富的空间表情，让有限的空间得到最完美地利用，让家居生活更加多姿多彩。

利用品位家私营造气场 Furniture

如果说户型、空间构造是家居空间的硬件装备，那么家具、软装就是家居空间的软件装备，也是家居生活的第二大元素。通过不同的家具风格和软装搭配可以让单一的空间呈现丰富的空间表情，让有限的空间得到最完美地利用，让家居生活更加多姿多彩。

东南亚风格家私打造休闲度假风

靠墙的一角利用沙发、台灯、桌几打造出一个休闲阅读角。风格鲜明的东南亚风情立式台灯和造型独特的桌几，营造出浓郁的休闲度假风。

1. 不锈钢框架和金色光源凸显奢华质感

一整面用不锈钢材质打造的收纳展示柜体在上方金色光带的照亮下，展现出金色奢华的质感。

2. 金色皇冠柜顶强调优雅新古典风

黑白配色的精致展示柜顶部以金色皇冠造型雕饰，将空间的新古典风格演绎得更加优雅。

3. 暗调木质空间引入自然气息

暗棕色的木质书桌、画框、书柜共同构成了一个低调素朴的空间，同时体现出自然的质朴气质。

1. 巴厘岛特色家居让心情更放松

异域风情的桌椅、盘子、插花，以及墙纸和雕塑饰品，共同构成一个具有人文品位的巴厘岛特色家居空间。

2. 圆形概念打造童趣空间

圆形的矮床、圆球状的吊灯以及米奇头的天花造型，还有弧度切割的地板、圆凳，整个空间以圆形概念打造出充满卡通色彩的童趣空间。

3. 红色皮革和原木的交响

宽敞的空间四周墙面全部以木作造型包覆，内置朱红色高档皮革沙发，形成皮革和原木两种材质的品位交响。

1. **高档红木演绎中式古典风范**

精雕细琢的红木太师椅和茶几、方凳，整个空间以统一的红木色泽和品质演绎出中式古典风范。

2. **细节之美凸显书房品位**

造型独特的书桌、内置荧光棒打亮的柜体，还有精致的铁艺吊灯，细节之美凸显书房的品位。

3. **中式元素营造儒雅人文风**

红色灯笼、字画、悬垂的宫灯，包括木质桌椅、屏风，中式元素营造儒雅人文风。

现代简约风打造小清新家居

现代简约的书房空间，素净的墙体和简洁家具无不体现这一特点。实用而美观的造型搭配，单一素净的配色方案，再搭配草绿色窗帘，打造出一个充满清新气息的家居空间。

1. 纯色家私打造纯美空间

纯白空间有荡涤心灵的作用，置身其中，洗去一身疲惫。搭配波点地毯，纯净之中注入灵动，让空间更加清新纯美。

2. 灰、白、黑经典三色的优雅妆点

散发着汉白玉般光泽的桌椅、沙发、灯饰、天花，搭配灰色背景墙和同色系的画框，妆点出一个优雅的纯粹空间。

3. 极简美学呈现自然原色空间

极简的木桌和银色靠椅，还有纯色玻璃造型墙面，整个空间呈现出自然原色的淳朴风貌。

1

2

3

1. 极简欧风凸显空间纯净质感

宽敞的空间却选用小巧的桌椅，形成对比美感，欧式壁纸和沙发包布的极简欧风元素凸显空间纯净质感。

2. 畸零空间妙用轻盈材质

无论桌椅还是墙上放书籍的收纳格，一律选用最简洁的造型，让极小的空间透露轻盈。

3. 素雅空间的沉默美学

统一素色调的家具和墙体让空间呈现统一和谐的温和视觉，凸显出素雅空间的沉默美学。

1. 低调和张扬碰撞出的时尚空间

低调的黑、白、灰、褐构成了空间的暗调之美，红色椅子的跳色效果，让低调和张扬在同一空间碰撞出时尚的火花。

2. 田园元素营造温馨生活

格子壁纸和弧形拱顶造型为空间注入田园元素，打造温馨的家居生活。

3. 流线型书桌结构打造空间动线

造型独特的流线型书桌沿墙铺设，打造出一条独特的空间动线。

1. 古朴家私展现明清遗韵

藤编木椅、方桌和墙面木雕版画，运用古朴家私展现明清遗韵。

2. 沉淀岁月的木雕艺术

一整块完整的木作造型墙纹理毕现，前方木桌上的精美木雕艺术品呈现岁月的深沉。

3. 回归宁静的穿越之作

从门口向内望去，红木圆凳和覆盖一整面墙体的雕花木柜，给人以洞穿世俗的回归心情。

1. 新中式的大气演绎

沉稳的黑色收纳柜体装饰两面墙体，配以皮革沙发，共同演绎出新中式的大气典雅。

2. 木作柜体凸显品位

开放式镂空木柜集合了收纳和展示双重功能，同时凸显空间品位。

3. 实用木柜诉说低调之美

实用且美观的书柜和不事雕琢的空间相统一，凸显低调之美。

1. 撞色空间制造愉悦心情

大绿大紫的空间配色让原木打造的休闲阳台变得生动活泼，休闲之中尽显心情的愉悦。

2. 天鹅绒的紫色迷情

紫色的大幅落地窗帘悬挂在空间四周，凸显空间的贵族气质。同样为紫色的复古天鹅绒沙发以及旁边银色镶边的紫色沙发椅，共同打造出一个紫色迷情的高贵空间。

3. 亮点和细节凸显空间品位

法式的家具、台灯共同打造出一个低调奢华的古典空间。深色的地板及家具体现沉稳优雅气质，而一张银色镶边的沙发椅以热情饱满的红色成为空间的亮点，书桌上的一尊骏马奔腾的银质雕塑以精致的艺术凸显出空间主人的品位。

1. 新古典家居的清雅格调

整间书房以并不浓烈的空间配色方案体现新古典家居的清雅格调。

2. 细节装饰提升空间品位

白象艺术雕塑在展示架上的简单摆设却通过细节装饰提升了空间的品位。

3. 强烈的色彩交汇让空间聚焦

桃红色和深蓝色的天鹅绒包覆沙发椅加上猩红色的地毯铺陈，浓烈的色彩交汇为书房打造古典风情焦点。

4. 不同材质组合提升空间质感

收纳柜以白色墙面为底，同时搭配镜面的镶嵌，不同材质的组合提升空间的立体质感。

1. 罗汉床和如来画框打造禅意空间

一张雕花罗汉床上摆放东南亚风格抱枕，以及插花和茶杯，搭配背后墙面的如来佛祖头像画框，打造出一个充满禅意的阅读空间。

2. 绒毯地面营造温暖奢华空间

铺在地板上的绒毯在地面开辟出一片可坐可躺的休闲空间，凸显出空间的温暖奢华气质。

1

1. 材质和色彩展现优雅民族风

轻薄质地的浅棕色窗帘十分轻盈优雅，搭配书桌下面铺设的一小面民族风地毯，呈现出一个带有民族风情的优雅空间。

2. 法式沙发凸显欧风气质

造型独特的沙发和立式台灯凸显欧风气质。

3. 朴素空间的实用主义

简洁大方的书桌和柜体共同体现朴素空间的实用主义。

2

3

1. 中西合璧的妖娆之美

亮粉色绒面沙发椅的古典浪漫情怀和旁边中式手绘仕女图花瓶，打造出中西合璧的妖娆之美。

2. 极简主义的低调语汇

不带扶手和靠背的沙发靠墙而设，上方两根木板搭建的简易收纳区，共同体现极简主义的低调语汇。

3. 白色欧风打造气质书房

造型优美的新古典风格书桌及台灯以白色刷漆凸显空间的浪漫欧风气质。

1. 茶色镜凸显空间清透质地

现代极简的书房空间以统一的白色墙体、桌椅和地板打造纯净视觉，同时以一面茶色镜与窗口相对，反射光影的同时凸显空间的清透质地。

2. 和自然交融的空间表情

浅粉色的家具色彩和极简造型让空间的柔美气质展露无遗。原木地板和窗外的森林美景融为一体，呈现出与自然美景完美交融的空间表情。

1. 红沙发和纱窗的浓妆淡抹

深红色的沙发椅在浅灰色的空间里十分出挑，和背后的轻薄纱窗构成一个浓妆淡抹的对比空间。

2. 自然美景入画的玻璃窗

以玻璃窗取代传统实体墙，不仅增加空间采光度，同时让窗外自然美景入框，成为天然画框。

3. 纯色空间的开放式格局

开放式格局的公共空间不设明显的隔断，让空间自然流动。

4. 自然美景入画的玻璃窗

红色地板的强烈配色和室内简易秋千让整个简约空间实用且充满童趣。

5. 浑然一体的统一空间

阁楼里的写字台充分利用空间结构的特点来设置书柜，让色调统一的狭小空间变得清爽。

巧用光源创造亮点地带
LIGHT

人们在书房或者休闲阅读区可以做很多事情，看书、听音乐、聊天、工作等等，每一项活动都离不开光源的配合。因此采光照明就变得极为重要。光源不仅可以满足人们在家居空间活动的需求，同时通过合理设计还可以为空间美化做出重大的贡献。

巧用光源创造亮点地带 Light

人们在书房或者休闲阅读区可以做很多事情，看书、听音乐、聊天、工作等等，每一项活动都离不开光源的配合。因此采光照明就变得极为重要。作用不仅可以满足人们在家居空间活动的需求，同时通过合理设计还可以为空间美化做出重大的贡献。

阳光和文化[illegible]光花园

全玻璃的封闭式阳台让阳光可以自由普照，利用欧洲文化石和绿植盆栽共同打造出一个阳光花园，成为室内绝佳的风景带。

1. 多窗和菱纹镜的聚光效果

弧形的书房空间，四周开设多扇拱形窗，窗体上方再以菱格纹镜面包覆，让充足的采光在镜面的反射和折射下提高空间的亮度，形成聚光效果。

2. 壁投光源聚焦油画

书桌背后的造型墙面是一幅极具艺术感的油画，运用壁投光源打在油画上，让油画成为背景墙的焦点。

1. 圆形光带聚焦空间视点

圆形的天花造型让空间变得圆润，一圈圆形光带的设计将顶部空间的视觉聚焦，成为空间视点。

2. “L”形光带打造柔美空间

沿着墙体动线转折形成的“L”形光带制造朦胧感受，打造出柔美的家居空间。

3. 极简造型灯筒衬托原木质感

天花板上方的现代极简造型的吊灯以淡雅的灯光衬托出原木天花板的质感。

4. 背投光源让木作造型墙更立体

折纸概念的立体木作造型墙后以光源打亮，让木作造型更加立体，提升空间质感。

1. 嵌入式光源营造舒适学习环境

与客厅相连的工作阅读区用白色纱帘区隔，上方的两排嵌入式光源以柔和的自然光线配合桌面小台灯，共同打造出一个适宜阅读工作的环境。

2. 白色光影设计制造梦幻睡眠空间

主卧上方的天花板设计成一个方形凹槽，内置高亮度的光源打亮，形成一块宛若银河的天花景致，让睡眠空间更加梦幻。

1. 灯光设计让空间光线均匀

天花板造型内全部面积以光源打亮，让光源均匀照亮空间的每一个角落。

2. 自然天光将美景带入空间

弧形的落地窗全部以透明玻璃打造，让自然天光可以自由进入书房，同时将窗外的美景带入空间。

3. 内置光源打造装饰端景柜

书柜的收纳格内置光源，将原本单调的书柜打造成极具装饰性的空间端景。

1. 暗调墙面的画框点亮空间

暗调的刷漆墙面上只以一幅画框装饰，运用台灯将画框照亮，成为空间焦点。

2. 莲蓬状发光茶几打造惊艳视觉

美景如画的阳台休闲区内摆放一只莲蓬造型的发光茶几，极具创意的设计让茶几成为空间焦点，打造惊艳视觉。

3. 局部光影设计的立式台灯

向上和向下双向投射光源的立式台灯将空间局部照亮，凸显空间的层次感。

1. 放射状灯光设计提升空间张力

充满人文风范的中式书房内，造型轻盈的吊灯散发出放射状的光芒，在天花板上形成光影壁画，在装饰天花空间的同时提升空间张力。

2. 百叶窗和镜面设计打造光影游戏空间

百叶窗的运用让自然光线可以自由进入，同时借镜面反射光影，提升空间亮度，打造光影游戏空间。

3. 沿墙动线的光带镶边强调区域空间

整块天花板以木作镶边装饰，同时沿墙动线设置光带，起到强调空间区域的作用。

4. 充足阳光打造惬意休闲区

全封闭的阳台休闲区全部以透明玻璃镶嵌，打造出一个可随时享受日光浴的惬意休闲区。

1. 壁投光源打造墙面装饰影像

素净壁纸铺陈的墙面背景，利用上方的壁投光源在背景墙面上打造光影影像，成为墙面装饰。

2. 光带和花瓣状光影的精彩演绎

方形天花板造型一圈金色光带的设计体现空间奢华感，吊灯在天花板上形成重叠状的花瓣影像，极具装饰效果。

3. 清淡荧光凸显简约空间气质

极简造型的吊灯以清淡的光晕凸显空间的简约气质。

1. 夜色光影打造夜景墙画

两面墙体全部抛弃传统实体墙设计，以透明玻璃墙取代，墙体便成为天然画框，将窗外的城市风景框进室内。

2. 蓝色天光与玻璃的幕布效果

靠窗而设的双人桌，玻璃门引入窗外的蓝色天光，形成一幅幕布效果图。

3. 纯白空间的光线淡化处理

光线充足的空间无需更多室内灯光的设置，通过淡化室内光源设置凸显纯白空间的优雅本色，让家具本身的质地更自然清晰。

4. 让充足采光为空间润色

在阳台边设置书柜，让采光充足的阳台为书房注入阳光与活力，为空间润色。

1. 全玻璃窗设计让自然气息入屋

沿着墙体动线展开的全玻璃窗设计，让空间的通透度提高，充分利用自然光线的照明和美化作用，为空间注入自然气息。

2. 华美水晶灯饰聚焦空间视觉

挂满水晶吊坠的华美水晶灯充分聚焦空间视觉。

3. 荧光天花板凸显空间柔美气质

粉色田园风的空间里，天花板以均匀分布的荧光设计，凸显空间的柔美气质。

DIRECTORY 指南

三峡陈公馆 - 拾雅客空间设计
肇庆星湖奥园
东莞富通天邑湾 - 昊泽空间
银河湾 - 南京传古装饰工程有限公司
奥体丹枫园 - 董龙（董龙设计）
秀园家装设计 - 刘少庆（北京盛世和美装饰设计有限公司）
林旆慬设计师
长虹春晓卓邸 - 黄鹏霖（台北基础设计中心）
明水路林邸 - 黄鹏霖（台北基础设计中心）
新竹双园张邸 - 黄鹏霖（台北基础设计中心）
台湾达图设计
天母案何公馆 - 台湾里欧设计
乡村风楼
星湖丽景
福州万科金域榕郡别墅
北京风尚装饰
何永明设计事务所
湖南省喜来登生如夏花书房 - 刘耀成
杨铭斌 C.DD 事务所
北京陈奕含众凯嘉园

美伦浩洋丽都 - 陈凤清
星雨华府 - 董龙（董龙设计）
融侨官邸 - 周华美（福州品川装饰设计有限公司）
台中陈医师住宅
九溪玫瑰园
碧桂园别墅 - 陈志斌（鸿扬家装）
广州原创品格设计
世纪海景 - 聂建平（雅典居）
汾河外滩住宅 - 韩金锁（韩钟辉）
古韵心怡 - 罗正环（福建广一叶建筑装饰设计工程有限公司）
松江御上海
上海中裕豪庭 - 王哲敏（诚之行设计）
魅 - 全永麟（武汉支点环境艺术设计有限公司）
台北逸帆设计
台北石坊空间 - 郭宗翰
根植东方的非线性实验 - 陈志斌
台北许宅
沈阳中汇广场 - 王哲敏（诚之行设计）
鸿鹄设计

图书在版编目（CIP）数据

开启梦想家居的 5 把密匙 愉阅地带 / 博远空间文化发展有限公司 主编 .
– 武汉：华中科技大学出版社，2012.11

ISBN 978-7-5609-8528-2

Ⅰ. ①开… Ⅱ. ①博… Ⅲ. ①住宅 – 室内装饰设计 – 图集 Ⅳ. ① TU241-64

中国版本图书馆 CIP 数据核字（2012）第 276219 号

开启梦想家居的 5 把密匙 愉阅地带　　博远空间文化发展有限公司 主编

出版发行：华中科技大学出版社（中国·武汉）
地　　址：武汉市武昌珞喻路1037号（邮编：430074）
出 版 人：阮海洪

责任编辑：熊纯　　责任监印：秦英
责任校对：王莎莎　　装帧设计：许兰操

印　　刷：中华商务联合印刷（广东）有限公司
开　　本：787 mm × 1092 mm 1/16
印　　张：5
字　　数：40千字
版　　次：2013年3月第1版 第1次印刷
定　　价：29.80元（USD 6.99）

投稿热线：（020）36218949　　1275336759@qq.com
本书若有印装质量问题，请向出版社营销中心调换
全国免费服务热线：400-6679-118 竭诚为您服务